BEI GRIN MACHT SICH IHR WISSEN BEZAHLT

- Wir veröffentlichen Ihre Hausarbeit,
  Bachelor- und Masterarbeit

- Ihr eigenes eBook und Buch -
  weltweit in allen wichtigen Shops

- Verdienen Sie an jedem Verkauf

Jetzt bei www.GRIN.com hochladen
und kostenlos publizieren

Bibliografische Information der Deutschen Nationalbibliothek:

Die Deutsche Bibliothek verzeichnet diese Publikation in der Deutschen National-
bibliografie; detaillierte bibliografische Daten sind im Internet über http://dnb.d-
nb.de/ abrufbar.

Impressum:

Copyright © 2018 GRIN Verlag
Druck und Bindung: Books on Demand GmbH, Norderstedt Germany
ISBN: 9783668999701

Dieses Buch bei GRIN:

https://www.grin.com/document/493937

Leon Pezzica

Gender in Schule und Unterricht. Sinnhaftigkeit und Umsetzung eines gendersensiblen (Biologie-)Unterrichts

GRIN Verlag

Technische Universität Darmstadt
Institut für Allgemeine Pädagogik und Berufspädagogik
Wintersemester 17/18

Gender im Biologieunterricht
Sinnhaftigkeit und Umsetzung eines gendersensiblen (Biologie-)Unterrichts

Leon Pezzica   08.04.2018

1. Einleitung   3

2. Strukturelle Situation   3

2.1 Genderaspekte in Kerncurricula und Lehrplänen   4

2.2 Gendernormen in Lehrbüchern   5

2.3 Genderveranstaltungen in der Lehramtsausbildung   6

3. Sinnhaftigkeit einer Thematisierung   6

3.1 Aufbrechen normativer Strukturen und Abbau von Vorurteilen   6

3.2 Das bio-logische Geschlecht ist ungenügend   7

3.3 Das Thema betrifft und interessiert die Schüler_innen   8

4. Umsetzungsansätze   9

4.1 Unterschiedliche Bestimmungsmöglichkeiten von Geschlecht   9

4.2 Geschlechterwandel im Tierreich   10

4.3 Aufzeigen kultureller Unterschiede   11

4.4 Umsetzung in der Lehrer_innenbildung   12

5. Fazit   12

Literaturverzeichnis   13

Curricula + KMK-Beschluss   14

Studienordnungen   15

> **Zitationshinweis:** Für Curricula, KMK-Beschlüsse und Studienordnungen werden Siglen verwendet, welche im Literaturverzeichnis aufgelöst werden.

1. Einleitung

Im aktuellen Diskurs um Geschlecht spielt die biologische Determinierung von Geschlechtern und damit verflochten das Argument der Natürlichkeit von Geschlecht vor allem bei Gendergegnern eine große Rolle. Die Idee des Geschlechts als soziale Konstruktion wird als „unwissenschaftlich" diffamiert und ihr wird das angeblich eindeutig biologisch identifizierbare natürliche Geschlecht entgegengesetzt (vgl. Ammicht Quinn/ Bauer/Hotz-Davies 2018: S.9). Da auch Schule als Sozialisierungsraum nicht unabhängig von Geschlecht betrachtet werden kann und (vgl. Bartsch/ Wedl 2015: S.10) und die Lehrperson aktiv an den vermittelten Geschlechtervorstellungen der Schüler_innen mitwirkt (vgl. Bartsch/ Wedl 2015: S.11), bietet sich hier gerade der Biologieunterricht an, um das Konkurrenzverhältnis der beiden Auffassungen aufzuzeigen und durch die Thematisierung des Geschlechts als soziale Konstruktion bestehende Vorstellungen einer binären heteronormativen Ordnung aufzubrechen.

Im Weiteren wird zunächst die strukturelle Situation analysiert, welche die Unterrichtsinhalte im Fach Biologie maßgeblich bestimmt. Daraufhin soll die Notwendigkeit aufgezeigt werden, jene Themen in der Schule zu behandeln. Es folgen Ansätze, dieses Vorhaben tatsächlich umzusetzen.

2. Strukturelle Situation

Die Inhalte des Biologieunterrichts werden im Wesentlichen durch Lehrplan, Lehrmaterialien und Lehrperson bestimmt und können durch implizite Stereotypisierung eben jene Ideen bestimmter Rollenbilder replizieren. Die Kultusministerkonferenz[1] fordert daher in ihren 2016 veröffentlichten „Leitlinien zur Sicherung der Chancengleichheit durch geschlechtersensible schulische Bildung und Erziehung" explizit, dass „Lehr- bzw. Bildungspläne die Gender-Implikationen aller Fächer konkretisieren mit dem Ziel der Auflösung von Geschlechterstereotypen" (Kultusministerkonferenz 2016: S.4), weiterhin sollen „Schulbücher und andere Lehr-/Lernmittel [...] geeignet sein, die Vorgaben der Lehr- bzw. Bildungspläne und Richtlinien zu realisieren" (Kultusministerkonferenz 2016: S.4) und

---

[1] Die Kultusministerkonferenz (kurz KMK) enthält auch nichtmännliche Mitglieder, dennoch wurde in dieser Hausarbeit bewusst davon abgesehen, eine genderneutrale Schreibweise zu nutzen, sondern den offiziellen Titel beizubehalten.

die „in der Lehramtsaus- und -fortbildung Tätigen sollen über Gender-Kompetenz als eine wesentliche Qualifikationsanforderung verfügen" (Kultusministerkonferenz 2016: S.5).

2.1 Genderaspekte in Kerncurricula und Lehrplänen

Im Folgenden wird sich auf die Kerncurricula sowie Lehrpläne für Biologie des Landes Hessen jeweils für die Sekundarstufe I und die Gymnasiale Oberstufe beschränkt, da im Zuge der Lehramtsausbildung L3 die Primarstufe nicht von Relevanz ist und weiterhin ein länderübergreifender Vergleich den Rahmen dieser Hausarbeit sprengen würde.

Das Kerncurriculum für Biologie der Sekundarstufe I sieht unter anderem die Sexualität des Menschen als Thema für die fünfte beziehungsweise sechste Jahrgangsstufe vor. Insbesondere werden hier neben Zeugung, Empfängnisverhütung et cetera sexuelle Selbstbestimmung, Rollenverhalten und gesellschaftliche Kontexte angeführt (vgl. KCSek1: S.46). Obwohl der Fokus hier eindeutig auf den biologischen Grundlagen liegt, werden dennoch explizit hetero- sowie homosexuelle Partnerschaften, Rollenverhalten, eigenes Sexualverhalten und seelisch-körperliche Selbstbestimmung als inhaltliche Schwerpunkte angeführt (vgl. KCSek1: S.46). Auch wenn es nicht ausdrücklich benannt wird, bieten sich jene Punkte an, um Genderaspekte zu thematisieren. In den entsprechenden Lehrplänen[2] für die Sekundarstufe I ist dies nur bedingt umgesetzt. Im Lehrplan wird für den Themenbereich „Sexualität des Menschen" zwar ein aufklärerischer Anspruch in Bezug auf sexuellen Missbrauch und verantwortungsbewusste sowie rücksichtsvolle Lebensführung, was die eigene sowie andere Personen betrifft, gestellt (vgl. LPSek1: S.10) und es wird auf die Richtlinien für Sexualerziehung des Landes Hessen verwiesen (vgl. LPSek1: S.22), welche für Schüler_innen der Sekundarstufe I unter anderem verschiedene geschlechtliche Identitäten und Orientierungen als verpflichtend markieren (vgl. LP Sexualerziehung: S.5), erläutert werden diese im Lehrplan jedoch nicht (vgl. LPSek1). Im Kerncurriculum sind also Ansätze des Gender-Themenkomplexes enthalten, jedoch wird die Lehrperson nur bedingt verpflichtet, genauer auf das Thema einzugehen, einzig Homosexualität wird explizit benannt. Auch im entsprechenden Lehrplan werden die Forderungen des Kerncurriculums nicht spezifiziert, sondern weitestgehend übergangen.

---

[2] Da sich die Lehrpläne von G8 und G9 in diesem Punkt kaum unterscheiden, wird hier keine Differenzierung vorgenommen.

Das Kerncurriculum der Gymnasialen Oberstufe geht weiterhin auf die bio-logische[3] Determination von Geschlecht ein, verbindet diese jedoch nur bedingt mit sozialen oder psychologischen Komponenten. So wird neben chromosomalem, gonadischem und somatischem Geschlecht das psychische Geschlecht angesprochen (KCGO: S.29). Offen bleibt jedoch, ob hierbei auch eine Einbeziehung von Geschlechtsidentitäten vorgesehen ist, oder allein biologisch nachweisbare neuronale Faktoren eine Rolle spielen.

Die (Kern-)Curricula beherbergen also durchaus Potenzial für einen gendersensiblen Unterricht, explizit gefordert wird dieser aber nur an wenigen Stellen.

2.2 Gendernormen in Lehrbüchern

Im Zuge der Erstellung einer Broschüre zu Geschlecht und sexueller Vielfalt untersuchte Melanie Bittner zwölf Biologieschulbücher unter dem Gesichtspunkt der Darstellung von Geschlechterverhältnissen und der Erwähnung von sexuellen Identitäten. In den Lehrbüchern werden zwar mittlerweile Geschlechtervorurteile aufgezeigt, dies allerdings häufig nicht überzeugend (vgl. Bittner/ Göbel 2013: S.13). Neben der dennoch vorkommenden impliziten Reproduktion von Geschlechterstereotypen – beispielsweise in Zusammenhang mit Lust und Romantik – wird vor allem klar, dass Schulbücher Geschlecht ausschließlich binär definieren (vgl. Bittner/ Göbel 2013: S.13). Jegliche Arten des – selbst rein bio-logischen – Geschlechts abseits von männlich oder weiblich wird dementsprechend nicht thematisiert; somit finden intergeschlechtliche Menschen keinerlei Erwähnung[4]. Die Geschlechtsidentität eines jeden Menschen stimmt laut den Lehrbüchern mit seinem bio-logischen Geschlecht überein, welches entweder männlich oder weiblich ist (vgl. Bittner/ Göbel 2013: S.13); beispielsweise Transsexualität wird somit vollständig ausgeblendet. Was sexuelle Orientierungen angeht, wird wie auch bei den Curricula neben der Heterosexualität einzig Homosexualität thematisiert, diese allerdings nur als Ausnahme zur dieser (vgl. Bittner/ Göbel 2013: S.14). Somit reproduzieren die Lehrmaterialen Heteronormativität, indem sie nur männlich und weiblich als Geschlecht zur Option darbieten und Heterosexualität als Norm wiedergeben. Darüber hinaus wird lediglich die eindeutige biologische Determination von Geschlecht unabhängig von sozialen oder identitären Genderkonzepten vermittelt.

---

[3] „Bio-logisch" nach Maurer (Maurer 2002: S. 70) im Sinne von „der Logik der Biologie folgend".
[4] Eine Ausnahme bildet hier ein einziges Lehrbuch, welches Intersexualität in einer stark verkürzten Form als Ausnahme zu den Kategorien „männlich" und „weiblich" darstellt (vgl. Bittner/ Göbel 2013: S.13).

2.3 Genderveranstaltungen in der Lehramtsausbilsung

In der Lehrer_innenbildung an der Technischen Universität Darmstadt sehen die Studienordnungen weder für den Fachbereich Biologie (vgl. SO Biologie) noch für die Grundwissenschaften (vgl. SO Grundwissenschaften 2017) Veranstaltungen mit Genderthematik als verpflichtend vor. Während in den Grundwissenschaften nach Studienordnung von 2012 noch das Modul „Genderforschung" belegt werden konnte (SO Grundwissenschaften 2012: S.5), taucht in der aktuellen Ordnung von 2017 kein Modul mit vergleichbarem Thema auf (vgl. SO Grundwissenschaften 2017).

Wie auch bei den Curricula zeigt sich bei der Lehramtsausbildung, dass durchaus Potenzial für eine Gendersensibilisierung besteht, diese aber keineswegs verpflichtend ist. Weiterhin befinden sich viele Lehrer_innen im Dienst, deren Ausbildung einige Jahre zurückliegt, sodass sie nicht ausreichend über das Thema informiert sind (vgl. Rüdisser 2012: S.76)[5].

3. Sinnhaftigkeit einer Thematisierung

Wie eben gezeigt wurde, bietet die strukturelle Situation vielerlei Möglichkeiten, Themen wie geschlechtliche Identität und verschiedene Sexualitäten in den Unterricht zu integrieren, verpflichtet allerdings nur an wenigen Stellen ausdrücklich dazu. Daher soll im Folgenden erläutert werden, aus welchem Grund jene Konzepte thematisiert werden sollten.

3.1 Aufbrechen normativer Strukturen und Abbau von Vorurteilen

„Geschlecht ist eine Kategorie, anhand derer sich Ungleichheiten formen und Hierarchisierungen entwickeln, die wiederum grundlegend Strukturen, Wahrnehmungen und Verhalten prägen, so auch in der Schule" (Bartsch/ Wedl 2015: S.10). Die Ideen von Geschlecht, welche den Schüler_innen vermittelt werden, nehmen also einen Einfluss auf deren Selbst- sowie Weltbild und prägen ihre Normvorstellungen. Diese Normierung von Geschlecht findet bei Menschen sogar zu einem Großteil während eben jener Lebensphase, in der sie zur Schule gehen, statt (vgl. Manz 2015: S.103).

---

[5] Die Studie bezieht sich auf Wien, lässt sich aber durchaus auf Deutschland übertragen.

In den Naturwissenschaften unterrepräsentierte Gruppen werden hierbei oft als Ausnahme zu jener Norm konstruiert, was zu einer defizitären Betrachtung dieser Gruppen führt (vgl. Ammicht Quinn/ Bauer/ Hotz-Davies 2018: S.7). Wie bei der Analyse der Lehrbücher gezeigt wurde, ist zwar die Verteilung zwischen vorkommenden männlichen und weiblichen Personen annähernd gleich (vgl. Bittner/ Göbel 2013: S.11), andere sexuelle Orientierungen oder Identitäten kommen allerdings bis auf Homosexualität, welche als Ausnahme zur Heterosexualität eingeführt wird, nicht vor. Durch dieses stark heteronormativ geprägte Rollenbild kann es dazu kommen, dass den Schüler_innen jegliche nicht Cis-Hetero-Menschen als anormal vermittelt werden. Durch jedoch die Thematisierung und Reflexion eigener Geschlechtertheorien kann eine kritische Auseinandersetzung mit und schließlich der Abbau von geschlechterbasierten Vorurteilen erzielt werden (vgl. Amon/ Wenzl 2015: S.236).

Neben offenen Vorurteilen soll eine gendersensible Pädagogik den Schüler_innen weiterhin „eine freie Entwicklung ermöglichen, in der Kinder nicht auf festgelegte Rollen beschränkt werden" (Bartsch/ Wedl 2015: S.20). Hierbei soll den Schüler_innen durch das Aufbrechen der Heteronorm eine freie Entfaltung ihrer Vorlieben unabhängig von Erwartungen, die durch Rollenzuweisungen an sie gestellt werden, gewährleistet werden. Geschieht dies nicht, kann es „zu Verlusten von lieb gewonnenen Dingen, Tätigkeiten, Vorlieben und Menschen führen" (Manz 2015: S.103), da diese nicht in das vermittelte Rollenbild hineinpassen. Weiterhin kann es zu einer Hierarchisierung der Geschlechterkonzepte kommen, „was nicht selten mit Grenzüberschreitungen und erheblichen Einschränkungen einhergeht" (Manz 2015: S.103).

3.2 Das bio-logische Geschlecht ist ungenügend

Das Geschlecht im Biologieunterricht wird meist verstanden

> „als naturhafte, konstante und dichotome Kategorie: Es wird davon ausgegangen, dass Geschlecht biologisch eindeutig festgelegt ist (naturhaft), sich im Laufe eines Lebens nicht verändert (konstant) und die Menschen entweder Frauen oder Männer sind (dichotom). Historische und kulturelle Vergleiche zeigen jedoch, dass eine Bandbreite an unterschiedlichen Kategorisierungen von Geschlecht existiert und Geschlecht verschiedene Bedeutungen besitzt." (Bartsch/ Wedl 2015: S.15)

Jene Vergleiche zeigen die Wandelbarkeit des Geschlechterbegriffes auf und lassen die klaren Kategorisierungen des bio-logischen Geschlechts verschwimmen. Untersucht man genannte Kategorisierungen näher, so stellen sich sowohl die Alltagstauglichkeit wie auch die Praktikabilität einer solchen Zuordnung schnell als sehr gering heraus. Definieren wir demgemäß beispielsweise den Begriff „Frau" als einen Menschen, der Vagina, Brüste, Eierstöcke und Gebärmutter besitzt, so stoßen wir schnell an Grenzen (vgl. Mega 2018: S.44). Das Unterfangen, einen Menschen diesem Schema entsprechen als Frau zu identifizieren, scheitert im Alltag schon daran, dass wir nur selten mit nackten Körpern konfrontiert werden und selbst wenn uns dieser vorliegt, wir nicht ohne medizinische Apparaturen alle Merkmale abarbeiten können (vgl. Mega 2018: S.45).

Doch nicht nur die Nichttrivialität dieses Erkennungsschemas markiert das bio-logische Geschlecht als ungenügend. Während dieses im Biologieunterricht meist binär ausgestaltet ist, ist das tatsächliche Geschlecht des Menschen weitaus komplexer und lässt sich nicht in ein „Entweder-oder" (Fausto-Sterling 2002: S.19) aufspalten. Denn Geschlecht ist nicht „einfach (unveränderlich) existent" (Bartsch/ Wedl 2015: S.14), sondern wird viel mehr alltäglich durch den „diskurssprachlichen Bedeutungskontext" (Bartsch/ Wedl 2015: S. 14) ständig neu konstruiert.

Darüber hinaus beginnt der dichotome Charakter des Geschlechts zu bröckeln, sobald intersexuelle Menschen in die Betrachtung mit einbezogen werden. Die Intergeschlechtlichkeit schließt verschiedene Kombinationsmöglichkeiten von Chromosomen, Gonaden und anderen biologischen Faktoren ein, welche sich nicht eindeutig in die Kategorie „Mann" oder „Frau" einordnen lassen (vgl. von Wahl 2018: S.118). Somit ist das im Biologieunterricht vermittelte Geschlecht allein schon in Anbetracht der auf natürliche Weise vorkommenden, nicht eindeutig „männlich" oder „weiblich" zuordbaren Geschlechtsmerkmale ungenügend.

3.3 Das Thema betrifft und interessiert die Schüler_innen

Das Thema des Geschlechts ist für Jugendliche besonders interessant, da eine gesellschaftliche Tabuisierung dazu führt, dass ihnen Wissen fehlt (vgl. Bartsch/ Wedl 2015: S.24). Durch eine fachlich angemessene Thematisierung durch die Lehrperson kann eben jenes Wissen aufgearbeitet werden, welches den Schüler_innen auf außerschulischem Wege durch das gesellschaftliche Tabu nicht zukommt. Auch werden Schüler_innen alltäglich mit Rollenbildern und Stereotypen konfrontiert, wobei hier Gerüchte die tatsächlichen Fakten überwiegen (vgl. Rüdisser 2012: S.69). Auch hier kann durch eine bewusste Auseinandersetzung mit diesen Stereotypen Aufklärung betrieben werden. Ebenfalls dem Unterfangen zuträglich ist die Bewusstwerdung darüber, dass das bio-logische Geschlecht eben nicht unbedingt verantwortlich für eine Festlegung einer solchen Rolle ist (vgl. Rüdisser 2012: S.69).

Bartsch und Wedl beschreiben Geschlechtsvorstellungen außerdem als „veränderbar und ausgestaltbar" (Bartsch/ Wedl 2015: S.11). Daran anknüpfend ist eine „parallele Auseinandersetzung mit den verschiedenen Möglichkeiten der Geschlechterfestlegung" (Amon/ Wenzl 2015: S.241) wichtig – besonders, damit sich die Schüler_innen ohne „Einengung durch geschlechtstypisierende Festlegung" (Rendtorff 2015: S.39) entfalten können. Die Schule soll dabei begleitend und unterstützend bei der Suche der Schüler_innen nach ihrer eigenen sexuellen Identität mitwirken und ein „kompetentes Austauschforum" (Bartsch/ Wedl 2015: S.11) ermöglichen, also einen Raum schaffen, in dem Schüler_innen ihre sexuelle Identität und Orientierung reflektieren und ausdrücken können, auch wenn sie nicht in die heterosexuelle, zweigeschlechtliche Ordnung passen.

4. Umsetzungsansätze

Wie im vorangegangenen Kapitel gezeigt wurde, besteht die Notwendigkeit eines gendersensiblen (Biologie-)Unterrichts. Insbesondere da sich Biologie-Lehrbücher diesbezüglich als mangelhaft herausstellten, sollen im Folgenden Ansätze ausgeleuchtet werden, im Zuge des Biologieunterrichts Begriffe wie beispielsweise das sozial konstruierte Geschlecht zu behandeln um den bereits ausgeführten Ansprüchen gerecht werden zu können. Die aufgezeigten Möglichkeiten beziehen sich auf eine explizite Thematisierung bestimmter Begriffe, abseits derer eine implizite Reproduktion von Stereotypisierung und insbesondere Heteronormativität nötig ist.

4.1 Unterschiedliche Bestimmungsmöglichkeiten von Geschlecht

Um den Schüler_innen die Relevanz des sozialen Geschlechts näherzubringen, kann es helfen, unterschiedliche Möglichkeiten, wie Geschlechtsunterschiede hervorgebracht werden, zu thematisieren. Dies kann beispielsweise durch Chromosomen, Temperatur, Gene oder eben das soziale Umfeld erfolgen (vgl. Amon/ Wenzl 2015: S.243). Durch einen auf diesem Themenkomplex basierenden Unterrichtsentwurf konnte den Schüler_innen die Wichtigkeit des Begriffes des sozialen Geschlechts klargemacht werden (vgl. Amon/ Wenzl 2015: S.240). Die jeweiligen Aufgabenstellungen „machten sichtbar, dass sich jede Form [der Geschlechtsbestimmung] nur in bestimmten Kontexten bzw. Fällen zur Geschlechtsfestlegung eignet" (Amon/ Wenzl 2015: S.241). Somit kann es bei den Schüler_innen zu einer reflektierteren Sichtweise und somit einer Kontextualisierung bezüglich des Geschlechterbegriffes kommen. Während im Biologieunterricht in Bezug auf den Menschen zumeist das genetische beziehungsweise chromosomale Geschlecht angesprochen wird, sind Schüler_innen nun in der Lage, damit verwoben das soziale Geschlecht als Kriterium zu betrachten. Darüber hinaus konnte der Einsatz der genannten Unterrichtseinheit zu einer kritischen Auseinandersetzung mit geschlechterspezifischen Klischees und somit auch allgemeiner Aussagen mit normativem Charakter (vgl. Amon/ Wenzl 2015: S.241).

4.2 Geschlechterwandel im Tierreich

Das Kerncurriculum sieht für den Biologieunterricht unter anderem die Behandlung der Fortpflanzung verschiedener Organismen vor (KC 31). Hier kann durch eine geschickte Auswahl von Tieren eine Brücke zu unterschiedlichen Fortpflanzungsarten und somit sexuellen Orientierungen, Transsexualität und Intersexualität geschlagen werden. Die Darstellung dieser im Tierreich vorkommenden Phänomene kann zu mehr Akzeptanz der selbigen bei Menschen führen (vgl. Ebeling 2006: S.71).

So finden sich unter einigen Vogelarten gleichgeschlechtliche Paare. Beispielsweise sind 13-20 Prozent der Paare Schwarzer Schwäne männlich (vgl. Ebeling 2006: S.62). Aufgrund ihrer dennoch zweigeschlechtlichen Fortpflanzung – die Weibchen fungieren für homosexuelle Paare als „Leihmütter" (vgl. Ebeling 2006: S.62) – besteht gerade hier die Möglichkeit, einen Vergleich zum Menschen anzubringen.

Ebenfalls interessant ist der Geschlechterwechsel des Blaukopfes, einer Fischart, bei der Weibchen mit einer gewissen Körpergröße zu Männchen werden (vgl. Ebeling 2006: S.66). Mit diesem Geschlechterwechsel geht ebenfalls ein Wechsel von Aussehen und Verhalten einher (vgl. Ebeling 2006: S.67). Unter Betrachtung dieses Aspekts kann durch die

Thematisierung der Transformation der Blauköpfe nicht nur Transsexualität im Tierreich besprochen, sondern auch Geschlechterrollen – insbesondere in Bezug auf eben jene Aspekte – beim Menschen analysiert und kritisch hinterfragt werden.

Genannte Tierarten stellen jeweils nur Exempel dar und sollen zeigen, dass durch eine bestimmte Wahl der im Unterricht zu besprechenden Organismen durchaus eine Verbindung zu menschlichen sexuellen Identitäten, Orientierungen sowie Geschlechterrollen hergestellt werden kann, um diese sowohl implizit als auch explizit nicht als Ausnahme zur Cis- und Heterosexualität, sondern als gleichberechtigte beziehungsweise gleichzuberechtigende Lebensweisen zu thematisieren.

4.3 Aufzeigen kultureller Unterschiede

Bio-logische Determination von Geschlecht kann ebenfalls nicht unabhängig von Kultur betrachtet werden. Bauer, Quinn und Hotz-Davies schreiben hierzu:

> „Ein kritischer Blick auf die (Natur-)Wissenschaftsgeschichte und –theorie zeigte [...], dass sich ›Natur‹ nicht ohne die Brille der ›Kultur‹ erschließen lässt, dass sogar ›Kultur‹ selbst häufig als naturalisierte Vorgabe erscheint. Differenzierungnen, die eigentlich sozialen und kulturellen Ordnungsregeln folgen, prägen unseren Blick auf Natur und können wiederum selbst ›Natur‹ werden." (Ammicht Quinn/ Bauer/ Hotz-Davies 2018: S.10)

Dieser Zusammenhang wird klar, sobald andere physiologische, bio-logische Determinationsmöglichkeiten betrachtet werden, welche durch kulturelle Faktoren differieren. Beispielsweise kann Geschlecht auch durch eine Fokussierung auf „sexuelle Flüssigkeiten" (Maurer 2002: S.71) zugeschrieben werden. Dadurch kann es hierbei zu einem physiologisch begründeten Geschlechterwechsel bei Menschen kommen (vgl. Maurer 2002: S.71). An dieser Stelle wird deutlich, dass auch das im Biologieunterricht behandelte bio-logische Geschlecht nicht natürlich bedingt, sondern kulturell gewachsen ist. Wird den Schüler_innen jenes Wechselspiel zwischen Kultur und Natur erläutert, so ist es ihnen möglich, eine differenziertere und kritische Sichtweise zu entwickeln und Geschlecht kontextbezogen zu betrachten.

3.4 Umsetzung in der Lehrer_innenbildung

Um das Vorhaben des gendersensiblen (Biologie-)Unterrichts tatsächlich durchsetzen zu können, müssen Lehrpersonen Genderkompetenzen erwerben und ausreichend Möglichkeiten zur Aus- und Fortbildung in diesen Bereichen erhalten, damit sie ihre eigenen blinden Flecken diesbezüglich erkennen und so aktiv gegen Benachteiligungen vorgehen können (vgl. Bartsch/ Wedl 2015: S.20-21).

5. Fazit

Bei der Analyse der strukturellen Rahmenbedingungen des Biologieunterrichts, insbesondere der Unterrichtsinhalte, wurde deutlich, dass die Curricula an vielen Stellen Potenzial für eine Thematisierung von geschlechtlicher Identität, Orientierung und ähnlichen Themen bietet, dies jedoch selten verpflichtend ist. Noch schwerwiegender fällt die Betrachtung der Lehrmaterialien aus, in denen die genannten Themen kaum Erwähnung finden, stattdessen wird hier eindeutig Zweigeschlechtlichkeit und Heteronormativität reproduziert. Auch in der Lehrer_innenbildung stehen Genderinhalte oft zur Option, sind aber keineswegs verpflichtend.

Trotz der mangelhaften strukturellen Situation ist das Thema relevant für den (Biologie-)Unterricht, um genau jene normativen Strukturen aufzubrechen und den Schüler_innen Freiraum zur eigenen Entfaltung zu gewährleisten. Ebenfalls stellte sich das im Biologieunterricht behandelte Geschlecht als ungenügend heraus; weiterhin sollen durch eine Tabuisierung von sexueller Identität und Orientierung abseits von Cis- und Heterosexualität entstehende Wissenslücken geschlossen werden.

Umsetzungsansätze für eine explizite Thematisierung im Unterricht bestehen beispielsweise aus dem Aufzeigen verschiedener Determinationsmöglichkeiten von Geschlecht je nach Kontext. Auch kann die Betrachtung von Trans-, Inter- und Homosexualität sowie ähnlichen Phänomenen im Tierreich zu mehr Akzeptanz führen und die Erläuterung des Zusammenspiels von Natur und Kultur die „Natürlichkeit" des Geschlechts infrage stellen. Auch sind in der Lehrer_innenbildung Veränderungen notwendig, um die Genderkompetenz der Lehrperson gewährleisten zu können.

Literaturverzeichnis

Ammicht Quinn, Regina/ Bauer, Gero/ Hotz-Davies, Ingrid (2018*): Einleitung: Geschlechter und Sexualitäten in Theorie und Empirie*. In: Ammicht Quinn, Regina/ Bauer, Gero/ Hotz-Davies, Ingrid (Hrsg.): Die Naturalisierung des Geschlechts. Zur Beharrlichkeit der Zweigeschlechtlichkeit. Bielefeld: transcript. S. 7-12

Amon, Heidemarie/ Wenzl, Ilse (2015): *Wie wird Geschlecht festgelegt? Eine Unterrichtseinheit für den Biologieunterricht mit 15- bis 16-jährigen SchülerInnen*. In: Bartsch, Annette/ Wedl, Julia (Hrsg.): Teaching Gender? Zum reflektierten Umgang mit Geschlecht im Schulunterricht und in der Lehramtsausbildung. Bielefeld: transcript. S. 235-248

Bartsch, Annette/ Wedl, Julia (2015): *Teaching Gender? Zum reflektierten Umgang mit Geschlecht im Schulunterricht und in der Lehramtsausbildung*. In: Bartsch, Annette/ Wedl, Julia (Hrsg.): Teaching Gender? Zum reflektierten Umgang mit Geschlecht im Schulunterricht und in der Lehramtsausbildung. Bielefeld: transcript. S. 9-31

Bittner, Melanie/ Göbel, Malte (2013*): Geschlecht und sexuelle Vielfalt. Praxishilfen für den Umgang mit Schulbüchern*. In: Jenter, Anne (Hrsg.): Praxis GO!. Frankfurt: GEW-Hauptvorstand

Ebeling, Smilla (2006): *Alles so schön bunt. Geschlecht, Sexualität und Reproduktion im Tierreich*. In: Ebeling, Smilla/ Schmitz, Sigrid (Hrsg.): Geschlechterforschung und Naturwissenschaften. Einführung in ein komplexes Wechselspiel. Wiesbaden: VS Verlag für Sozialwissenschaften. S. 57-74

Fausto-Sterling, Anne (2002): *Sich mit Dualismen duellieren*. In: Gottburgsen, Anja/ Pasero, Ursula (Hrsg.): Wie natürlich ist Geschlecht? Gender und die Konstruktion von Natur und Technik. Wiesbaden: Westdeutscher Verlag. S. 17-64

Manz, Konrad (2015): *Geschlechterreflektierende Haltung in der Schule*. In: Bartsch, Annette/ Wedl, Julia (Hrsg.): Teaching Gender? Zum reflektierten Umgang mit Geschlecht im Schulunterricht und in der Lehramtsausbildung. Bielefeld: transcript. S. 103-118

Maurer, Margarete (2002): *Sexualdimorphismus, Geschlechtskonstruktion und Hirnforschung*. In: Gottburgsen, Anja/ Pasero, Ursula (Hrsg.): Wie natürlich ist Geschlecht? Gender und die Konstruktion von Natur und Technik. Wiesbaden: Westdeutscher Verlag. S. 65-108

Mega, Laura F. (2018): *Wie Gender (auch) im Labor konstruiert und naturalisiert wird: Ein Fallbeispiel. .* In: Ammicht Quinn, Regina/ Bauer, Gero/ Hotz-Davies, Ingrid (Hrsg.): Die Naturalisierung des Geschlechts. Zur Beharrlichkeit der Zweigeschlechtlichkeit. Bielefeld: transcript. S. 43-57

Onnen, Corinna (2015): *Studying Gender to Teach Gender*. In: Bartsch, Annette/ Wedl, Julia (Hrsg.): Teaching Gender? Zum reflektierten Umgang mit Geschlecht im Schulunterricht und in der Lehramtsausbildung. Bielefeld: transcript. S. 83-101

Rendtorff, Barbara (2015): *Thematisierung oder Dethematisierung. Wie können wir mit Geschlechteraspekten im Kontext von Schule umgehen?* In: Bartsch, Annette/ Wedl, Julia (Hrsg.): Teaching Gender? Zum reflektierten Umgang mit Geschlecht im Schulunterricht und in der Lehramtsausbildung. Bielefeld: transcript. S. 35-46

Rüdisser, Nikola Annike (2012): *Das soziale und biologische Geschlecht als Thema im Biologieunterricht*. Diplomarbeit, Universität Wien

Von Wahl, Angelika (2018): *Die Re- und Denaturalisierung der Geschlechterdichotomie: Intersexualität zwischen Medizin und Menschenrechten*. In: Ammicht Quinn, Regina/ Bauer, Gero/ Hotz-Davies, Ingrid (Hrsg.): Die Naturalisierung des Geschlechts. Zur Beharrlichkeit der Zweigeschlechtlichkeit. Bielefeld: transcript. S. 115-133

Curricula + KMK-Beschluss

KCSek1

Hessisches Kultusministerium (Hrsg.) (2012): Bildungsstandards und Inhaltsfelder. Das neue Kerncurriculum für Hessen. Sekundarstufe I – Gymnasium. Biologie. https://kultusministerium.hessen.de/sites/default/files/media/kerncurriculum_biologie_gymnasium.pdf (letzter Zugriff 07.04.2018)

KCGO

Hessisches Kultusministerium (Hrsg.) (2016): Kerncurriculum gymnasiale Oberstufe. Biologie. https://kultusministerium.hessen.de/sites/default/files/media/kcgo-bio.pdf (letzter Zugriff 07.04.2018)

LPSek1

Hessisches Kultusministerium (Hrsg.) (2010): Lehrplan Biologie. Gymnasialer Bildungsgang. Jahrgangsstufen 5G bis 9G. https://kultusministerium.hessen.de/sites/default/files/media/g8-biologie.pdf (letzter Zugriff 07.04.2018)

LP Sexualerziehung

Hessisches Kultusministerium (Hrsg.) (2016): Lehrplan Sexualerziehung. Für allgemeinbildende und berufliche Schulen in Hessen.

KMK-Beschluss

Kultusministerkonferenz (Hrsg.) (2016): Leitlinien zur Sicherung der Chancengleichheit durch geschlechtersensible schulische Bildung und Erziehung. Beschluss vom 06.10.2016. https://www.kmk.org/fileadmin/Dateien/veroeffentlichungen_beschluesse/2016/2016_10_06-Geschlechtersensible-schulische_Bildung.pdf (letzter Zugriff 07.04.2018)

Studienordnungen

SO Biologie

Technische Universität Darmstadt (Hrsg.) (2016): Ordnung des Studiengangs Lehramt an Gymnasien. Biologie. Beschluss vom 04.07.2016. http://www.zfl.tu-darmstadt.de/media/zfl/alle_medien_in_struktur/studium_medien/studiu m_lag/studium_lag_studienordnungen/lag_mint_/Biologie_Ordnung_LaG_Ausfuehrungsbe stimmungen_Satzungsbeilage_II-2017_mit_SPP_final.pdf (letzter Zugriff 07.04.2018)

SO Grundwissenschaften 2012

Technische Universität Darmstadt (Hrsg.) (2011): Ordnung des Studiengangs Lehramt an Gymnasien – Grundwissenschaften. http://www.zfl.tu-darmstadt.de/media/zfl/alle_medien_in_struktur/studium_medien/studiu m_lag/studium_lag_studienordnungen/lagpdf/LaG_Grundwissenschaften_StPrPl_Modulb_ END_Maerz2012.pdf (letzter Zugriff 07.04.2018)

SO Grundwissenschaften 2017

Technische Universität Darmstadt (Hrsg.) (2016): Ordnung des Studiengangs Lehramt an Gymnasien. Grundwissenschaften. Beschluss vom 14.07.2016 http://www.zfl.tu-darmstadt.de/media/zfl/alle_medien_in_struktur/studium_medien/studiu m_lag/studium_lag_studienordnungen/lag_mint_/Grundwissenschaften_Ordnung_LaG_Au sfuehrungsbestimmungen_Satzungsbeilage_II-2017_mit_SPP_final.pdf (letzter Zugriff 07.04.2018)